KB103237

신이 준 선물

올리브의 효능

신이 준 선물, 올리브의 효능

발　행 | 2021년 04월 20일
저　자 | 권영민, 전유진
펴낸이 | 한건희
디자인 | 권영민
펴낸곳 | 주식회사 부크크
출판사등록 | 2014.07.15.(제2014-16호)
주　소 | 서울특별시 금천구 가산디지털1로 119 SK트윈타워 A동 305호
전　화 | 1670-8316
이메일 | info@bookk.co.kr

ISBN | 979-11-372-4304-0

www.bookk.co.kr
ⓒ 권영민 2021
본 책은 저작자의 지적 재산으로서 무단 전재와 복제를 금합니다.

신이 준 선물
올리브의 효능

권영민, 전유진 지음

CONTENT

올리브의 역사와 재배

PART 01

1. 올리브의 역사

올리브는 6대주 전 지역에서 재배가 가능한 상록수로, 전 세계에 약 8억 주 정도가 재배되고 있는 것으로 올리브협회는 추산하고 있다. 이 가운데 90% 정도가 지중해 연안에 집중되어 재배되고 있다. 올리브는 기원전 3,000여 년 전 소아시아 터키 지역에서 그리스의 크레타섬으로 야생 올리브를 가져와서 재배한 것으로 알려져 있다. 이 섬에서 재배된 이후 기원 전 1세기 경부터 이집트를 비롯한 지중해 연안의 국가로 수출한 것으로 기록되어 있다.

올리브 화석은 그리스의 화산섬인 산토리니섬에서 발견되었는데 약 4만 년 된 야생 올리브로 알려져 있으며, 그리스 크레타 섬의 원주민들이 야생 올리브를 재배, 개량한 것으로 전해지고 있다. 그리스인 전설에서 올리브 나무는 하늘이 준 선물(天福)로 전해지고, 전쟁과 평화의 여신인 '아테네'가 처음으로 심은 나무로 승리와 평화의 상징으로 알려져 있다. 고대 그리스인들에게 올리브 열매와 기름은 아주 중요한 양식이었으며, 올리브유(油)는 모든 치료에 이용되는 최고의 양약으로 널리 알려져 있었다. 고대 그리스의 도시 국가의 하나인 스파르타에서는 용감한 군인을 양성하기 위해 7살 때부터 국가에서 의무 교육을 시켰는데, 이 소년들의 체력단련과 군사훈련이 끝나면 올리브유(油)로 전신을 마사지하여 건강을 유지하고 단단한 피부를 유지하게 했다.

아테네의 보호 신인 아테나의 생일에 맞춰 4년마다 개최되는 올림픽 경기는 달리기, 원반던지기, 멀리뛰기, 창 던지기, 씨름의 5경기에서 승리한 경주자에게는 올리브 가지로 만든 월계관을 씌워주고, 올리브 가지로 만든 꽃다발을 그리고 "두 손잡이가 있는 항아리"에 올리브 기름을 담아서 상금으로 준 것으로 알려진다.

성경의 땅 이스라엘에서는 올리브 나무를 성스러운 나무로, 평화의 상징으로 간주하고 있다. 성경의 땅인 팔레스타인 지역에서 올리브 나무는 흔히 볼 수 있었던 나무 가운데 하나였다. 성경에는 올리브(감람나무)를 음식에 사용하고, 기름을 짜서 머리에 바르기도 했으며, 상처에 바르는 약으로, 등잔을 밝히는 기름으로도 사용했다고 기록하고 있다. 성경의 기록에서 첫 등장은 '노아의 시대' 일어난 대홍수에 때로, 홍수가 지나간 후 노아가 비둘기를 배(방주) 바깥으로

날려 보냈더니, 저녁때 비둘기 올리브(감람나무) 잎사귀를 물고 돌아와서 홍수가 지나고 물이 빠진 것을 알게 되었다고 기록하고 있다.

고대 이집트에서는 기원전 1,500여 년 파라오 시대 때 그리스나 페니키아 등으로부터 전해져 재배한 것으로 알려져 있다. 피라미드 안의 그려진 벽화를 보면 육류는 물론 과일, 올리브 등 각종 농산물과 포도주가 한 상 가득 차려져 있는 것을 볼 수 있다. 올리브는 왕이나 귀족 사회에서 다양하게 활용이 되었는데 목욕 후에 올리브를 비롯한 각종 기름을 몸에 발라 강렬한 태양열로부터 자신의 몸을 보호했다고 전해진다. 그리고 여왕이나 귀족의 부인들은 화장과 몸에 올리브유(油)를 사용하기도 했으며, 머리에도 올리브유(油)를 발라 항상 윤기 있고 탄력 있는 피부와 모발을 유지했다.

　고대 로마도 고대 그리스인의 정착으로 올리브가 재배되기 시작했으며, 많은 지역에 올리브 나무와 포도나무를 심었다고 전해진다. 그 이후 로마제국이 건설되고 번창하면서 올리브의 수요는 많이 증가하게 되는데 로마인들은 올리브가 정력에 좋다고 하여 식사 전과 술안주로 즐겨 먹었으며, 식사 때 올리브가 빠지지 않았다고 전해진다. 로마 역사서에 보면 "와인은 피를 만들고, 올리브는 뼈를 만든다."는 말처럼 식탁에 빠지지 않는 메뉴였다. 또한 로마에서 올리브는 성공과 행복의 상징이었다.

　스페인에는 페니키아 사람이 전해주었다는 견해와 그리스 상인이 교역을 통해 올리브유(油)와 올리브 나무를 전해주었다는 견해가 있다. 스페인의 안달루시아는 올리브가 성장하기에 가장 이상적인 곳으로, 이곳에서 생산되는 올리브는

2,000년 전부터 생산량에 있어서나 품질에 있어서 정평이
나 있다. 고대에는 올리브 기름을 등잔이나 등대의 기름으
로 사용되었는데 스페인의 서북쪽 항구인 라 코루나 항구의
등대에서도 사용되었다고 전해진다. 처음에는 올리브유(油)
를 사용하다가 점차 생선 기름과 고래기름으로 대체했다고
한다. 스페인인들도 올리브를 간이 식사인 Tata로, 각종 음
식에 이용하고 있다. 현재 스페인에서는 2억 그루 이상이
재배되고 있는데 세계 최대 재배국이기도 하다.

2. 올리브의 재배

올리브 나무의 학명이 "지중해의 기름"이라는 뜻인 Olea europaea로 유럽지역 특히 지중해 지역 부근에서 대단위로 재배되고 있다. 지중해 지역은 여름에는 햇볕이 강하고 건조하며, 겨울에는 온화한 기후를 나타낸다. 올리브는 거칠고 건조한 기후에서 가꾸지 않아도 잘 자라고, 한겨울에도 동해를 입지 않고 잘 견디는 저항력이 아주 강한 나무이다.

올리브 나무는 상록활엽교목 또는 관목으로 나무 높이가 15m까지 자란다. 그러나 올리브의 수확량을 증가시키고 수확의 편의를 위해 나무 높이를 5~7m 정도에서 전정하고 있다.

올리브 나무의 번식은 파종과 삽목과 접목이 가능하지만, 파종하면 모수의 특성을 이어받지 못하고 열매가 달리기까지 오랜 기간이 소요되기 때문에 주로 삽목이나 접목의 방법으로 번식하고 있다. 삽목 시기는 뿌리가 잘 나지 않는 겨울을 피하여 2월 중순에서 4월에, 그리고 7월 말에서 8월 초에 주로 이뤄지고 있다. 또한 올리브 나무는 접목으로 번식하기도 한다. 야생종은 여러 장점이 있지만, 추위에 약한 결점이 있다. 재배 품종의 씨앗을 파종하여 성장한 후 봄철에 접목하면 올리브 열매를 많이 수확할 수 있고 또한 올리브 열매의 유지함량을 높일 수 있다.

초기에는 지중해 연안을 중심인 그리스, 이탈리아, 스페인에서 주로 재배되며 현재는 아르헨티나, 칠레, 멕시코, 호주, 미국, 그리고 일본, 중국 등지에서도 재배되고 있다.

올리브의 성분과 효능

PART 02

1. 올리브의 성분

올리브유(油)에는 다른 성분은 미미하지만 지방이 대부분으로 구성되어 있다. 그런데도 건강을 이유로 올리브유(油)를 찾는 데는 몸에 해로운 포화지방산이 아닌 몸에 이로운 불포화 지방산으로 구성되어 있기 때문이다. 식물성 지방인 올리브유(油)의 또 다른 특징은 불포화지방산의 하나인 올레산(Oleic acid)에 있는데, 올레산은 오메가-9 지방산으로 인체 내에서 혈중 콜레스테롤 수치를 조절하는 기능을 가진 것으로 알려져 있다. 이 올레산은 올리브유(油)에 특히 많은 함량인 70% 이상 함유된 것으로 보고되고 있다. 그 외의 주요 지방산으로는 리놀레산과 팔미트산이 각각 10%씩 함유되어 있다.

그 외에 필수 영양소인 비타민 A, C, D 등과 다양한 폴리페놀이 함유되어 있으며, 대표적인 것으로 토코페롤, 스쿠알렌, 테르펜 등이 있다. 이 항산화 물질은 인체 내에서 혈중 지질 개선, 항암 등 다양하게 작용을 한다.

에너지	지방	인	비타민E	비타민K
921kcal	100g	1mg	7.6mg	42㎍

2. 올리브의 부위별 효능

유럽의 대표적인 장수 지역인 그리스 크레타섬, 이탈리아 남부 사르데냐섬, 그리고 남부 프랑스 등 지중해 연안 주민들이 장수하는 이유 중의 첫 번째로는 올리브 섭취를 손꼽고 있다. 특히 지방 섭취율이 타지역보다 높은데도 심장병 관련 사망률이 다른 유럽지역보다 낮은 이유를 지중해 식단에 빠지지 않는 올리브유(油)에서 원인을 찾고 있다. 프랑스가 고지방 위주의 식단임에도 불구하고 심장병 사망률이 세

계 최저일 수 있었던 것은 포도주로 말미암는다는 '프렌치
페러독스'처럼, '지중해 페러독스'의 비밀은 바로 올리브유
(油)에 있었다.

올리브유(油)는 이미 2,000여 년 전부터 음식에 사용되었
을 뿐만 아니라 모든 질병의 치료제로 사용이 되었다. 의학
의 아버지라 불리는 히포크라테스는 올리브를 일컬어 '자연
항생제'라 부르며 각종 질병 치료에 사용했으며, 중세 프랑
스에서는 가난한 사람들의 식량으로, 흉년이 들었을 때는
구황식품으로도 이용되기도 했다. 또한 중세 유럽사회에서
는 위장병, 설사, 이질, 변비, 그리고 총상 등을 치료하는
만병통치약으로도 사용되기도 했으며, 17세기 약제사(약사)

들은 항상 올리브유(油)를 휴대하여 치료제로 사용했다는 기록이 전해진다.

1) 올리브 잎

올리브 잎에서 항산화 물질이 다량으로 함유되어 있어 감기, 기관지염, 피부병 환자들의 치료에 이용되기도 했다.

최근에 호주 서던크로스대학 연구소에서 발표한 자료에 의하면 올리브 잎 추출액의 항산화 수치를 보면, 포도 씨 또는 녹차 추출물의 두 배, 비타민 C는 다섯 배에 달했다.

2) 올리브 과육

싱싱한 올리브 열매는 보통 쓴맛이 많이 나기 때문에 나무에서 딴 후 소금물이나 식초, 기름, 물 등에 수 개월간 저장하여 쓰고 떫은맛을 뺀 후에 식용으로 이용한다.

올리브 과육에는 혈관 건강에 유익한 올레산 등 불포화지방이 풍부하고, 비타민 E를 비롯한 항산화 물질이 함유되어 있어 효과를 동맥경화를 예방하고 심장질환을 예방하는 데 도움이 된다. 고대 로마에서는 건강과 정력에 좋다고 알려져 식사 전과 간식용으로 술안주로 이용되기도 했다.

3) 올리브유(油)

올리브유(油)의 특징은 씨앗이 아닌 과육 전체에서 추출하고, 열을 가하지 않고 과육을 짜서 얻기 열로 인한 산화가 일어나지 않고, 이 과정에서 토코페롤과 같은 항산화 물질의 손실이 거의 없다.

올레산(Oleic acid)

올리브유(油)의 주성분인 올레산은 열을 가해도 파괴되지 않는다. 우리 몸에서 나쁜 콜레스테롤(LDL)은 낮춰주고, 좋은 콜레스테롤은 높여주기 때문에 동맥경화를 예방하고 심장병을 예방하는 작용을 한다. 또한 올레산은 체내 칼슘이 빠져나가는 것을 막아주고, 뼈의 밀도가 약해져서 발생하는 골다공증을 예방하기도 한다.

리놀레산

올레산 다음으로 많이 포함된 리놀레산은 올레산과 마찬가지로 혈중 콜레스테롤을 낮추고 혈압도 낮춰 동맥 경화 예방 효과가 있다.

비타민 A, B, E

비타민 A는 암 예방과 노화 방지 효과가 탁월한 항산화제이며, 비타민 B는 피로 회복과 지방의 대사에 관여해 체지방을 분해하고, 비타민 E(토코페롤)는 피부미용 등의 항산화 작용이 있다.

폴리페놀, 토코페롤

폴리페놀과 토코페롤은 식물에서 발견되는 천연 영양소 그룹이다. 폴리페놀은 강력한 항산화 작용과 활성산소에 의한 손상으로부터 세포를 보호하는 데 탁월한 효과가 있다.

3. 올리브유(油)의 생산과 종류

고대 그리스에서 올리브유(油)를 생산할 때 절구로 빻거나 혹은 화강석 맷돌에 갈아서 올리브즙을 항아리에 담근 후, 뜨거운 물을 부어서 올리브 기름이 위로 떠 오르게 하는 방법을 사용했다. 그러나 이 방법은 만든 올리브 기름은 산화가 빨리 되고 기름의 질이 좋지 않아 지금은 거의 사용하지 않는다.

좋은 올리브유(油)는 생산하기 위해서는 품질이 좋은 올리브 열매를 사용해야 하는데, 선별과정을 거쳐 방앗간에서 무겁고 단단한 화강석으로 잘게 간 다음 원심분리기에서 물과 기름을 분리하고, 필터를 통해 정제하면 품질 좋은 올리브유(油)가 된다.

올리브유(油)는 정제 과정과 향기, 맛을 기준으로 네 등급으로 구별한다.

1. 엑스트라 버진 올리브유(油)

한 번의 압착과정을 통해 추출한 버진 올리브유(油)는 산도가 0.5~1% 이하로, 맛과 향이 진해 샐러드 등의 요리에 사용하면 좋다. 유럽에서는 "화학적으로 처리하지 않은" 올리브유(油)로 품질을 인정하고 있다.

2. 버진 올리브유(油)

한 번의 압착과정을 통해 추출하는데, 산도가 1~2 이하인 것으로 엑스트라 버진 올리브유(油)의 용도가 비슷하다.

3. 퓨어 올리브유(油)

두 번째로 짠 기름으로 산도가 1~2% 이하인 기름이다. 상대적으로 높은 온도에서도 타지 않아 구이나 볶음 요리에 사용되고 있다.

4. 포마세 올리브유(油)

처음 올리브를 압착하고 남은 찌꺼기를 갈아서 만든 것으로 미처 압착하지 않은 오일을 원심분리를 통해 추출한 올리브 기름이다. 맛이 써서 식용으로는 잘 사용하지 않고 비누나 머릿기름 등에 사용한다.

올리브유(油)와 건강

PART 03

1. 식생활과 질병

과거에 비해 먹거리에 대한 인식은 많이 바뀌었다. 예전보다 생활 수준이 높아지고 잘 먹고 잘사는 웰빙에 대한 관심은 자연스럽게 먹거리에 대한 관심으로 옮겨졌다. 우리가 먹는 대로 몸에 영향을 끼친다는 사실을 잘 알고 있다. 그러나 정신없이 바쁘게 하루하루를 살아가는 현대인은 '아무 생각 없이' 닥치는 대로 먹거리를 몸에 채우고 있다. 바쁘고 편리하다는 핑계로 패스트푸드를 별다른 생각 없이 섭취하고 있다.

어떤 음식을 먹느냐에 따라 건강이 좌우된다. 오늘의 건강은 지난 10년 동안 먹은 음식물의 결과라는 말이 있다. 현재의 건강 상태는 과거에 섭취한 음식에 결과일 뿐이다. 우리가 섭취하는 음식으로 우리 몸을 구성될 뿐만 아니라, 음식 자체가 우리 몸의 질병을 치료하기 때문이다. 의학의 아버지로 불리는 히포크라테스도 "음식으로 고치지 못하는 병은 약으로도 고칠 수 없다."라는 말로 매일 섭취하는 음식의 중요성을 강조한다.

매일 반복적인 행동을 습관이라고 한다. 우리가 음식을

섭취하는 것도 습관이며, 질병도 습관이다. 병원마다 사람이 넘쳐난다. 생활습관병이라고 불리는 고혈압, 당뇨병, 심혈관 질환, 암 등이 넘쳐나는 이유는 잘못된 식습관과 잘못된 생활습관으로부터 기인한다. 생활습관병 대부분은 서구화된 식생활과 운동부족, 스트레스 등의 그 원인으로 꼽는다.

　일본의 '장수 의사의 상징'인 히노하라 박사는 현재 나이가 100세지만 강연과 집필은 물론 의사로서 왕성한 활동을 하고 있다. 히노하라 박사는 인터뷰에서 "사람은 타고난 유전자로 마흔까지는 산다. 그 이후는 제2의 유전자로 살아야 한다. 그것은 바로 좋은 생활 습관이다."라고 말하며, '인생의 중반인 마흔이 되면 타고난 방어 체력이 약해지기 때문에 이때부터 생활 전반을 다듬어야 한다고 충고하고 있다.

2. 살아 있는 음식을 먹어라

현대인의 전체 섭취 열량의 60% 이상을 가공식품에서 섭취한다는 보고가 있다. 지난 10여 년 동안 꾸준히 증가하였고 앞으로도 계속 증가할 것이다. 가공식품에는 맛을 내기 위한 인공감미료는 물론 유통기한을 늘리기 위한 방부제가 들어가며 그 외에 색소와 기타 첨가물이 들어간다. 제조과정에서 인체의 건강에 꼭 필요한 비타민, 미네랄, 섬유소, 항산화제 등을 제거해 버리고 밀가루, 설탕, 소금 그리고 식품첨가제의 사용으로 몸에 해롭다. 화학조미료에 들어가 있는 글루탐산나트륨은 두통, 무력감, 지방간 등의 이상을 일으키는 물질로 알려져 있다. 햄이나 베이컨 등에 방부제로 많이 사용되는 아질산나트륨은 체내에서 단백질과 결합해 니트로소아민을 생성하는데 이 물질은 각종 암과 빈혈, 호흡기능 악화 등을 유발하는 것으로 알려져 있다.

필요한 영양소를 모두 제거해 버린 흰쌀, 밀가루 등은 탄수화물의 비율이 높아 혈당지수를 높게 한다. 게다가 커피, 콜라, 아이스크림 등은 물론 통조림, 마요네즈 등 우리 주

변에 지나치게 당분이 함유된 제품이 넘쳐나고 있다.

당분은 뇌의 활동에 꼭 필요한 영양 성분이
지만 섭취량이 늘어나면 오히려 뇌를 피곤하게
하며 집중력을 떨어뜨리게 한다. 지나친 당분
섭취는 비타민 B와 칼슘 등과 같은 영양소를
빼앗아 간다. 이렇듯 지나친 당분 섭취는 특히 성장기의 청
소년들의 신체 발육을 막을 뿐만 아니라 정신적으로 폭력적
으로 변한다는 연구 결과가 발표되고 있다. 그런 이유로 가
공식품을 패스트푸드라는 이름 외에 정크푸드(Junk Foods)
로도 불리고 있다. 최고의 가치를 지닌 우리 몸에 최악을
쓰레기 음식을 날마다 채우고 있으니 당연히 건강을 잃을
수밖에 없다.

예전부터 이 땅에는 좋은 식단으로 무병장수하던 사람들
이 많았다. 히말라야산맥의 훈자 사람들, 안데스 산맥의 빌
카밤바 사람들, 일본 오키나와 섬사람들의 평균 수명은 현
대인의 평균 수명을 훨씬 뛰어넘었다. 그 가운데 오키나와
지역의 200년도 통계를 보면 일본의 47개 지방 가운데 4,
50대 남자 사망률 1위, 비만율 1위를 기록하고 있다. 두부
나 채소요리, 발효식품을 주로 먹던 오키나와 주민들의 식
생활이 서구화의 영향으로 고지방식, 패스트푸드 등의 영향
을 받았기 때문이다.

3. 건강을 좌우하는 지방 섭취

최근 우리나라 국민 건강과 영양 문제에서 문제로 지적되는 것으로 육류와 지방의 섭취가 급증한 서구화된 식사습관이다. 최근 20~30년 사이 동맥경화, 뇌졸중 등의 심혈관 질환과 대장암과 비만 등이 급증한 원인을 서구화된 식습관에서 찾고 있다.

2005년 국민건강영양조사보고서에 따르면 총 에너지 섭취량 중에 지방이 차지하는 비율이 1969년에 7.2%에 불과하던 것이 2005년에는 20.3%로, 거의 세 배 이상 급증했다. 또한 20세 이상 성인 남녀의 주요 에너지 급원식품 10위에는 라면, 돼지고기, 돼지 삼겹살, 소주가 포함되어 있어 현재 우리나라 음식문화가 지나치게 불균형한 것을 볼 수 있다.

지방의 역할

지방은 3대 영양소 가운데 하나로 건강한 삶을 위해서는 반드시 섭취해야 하는 영양소이다. 지방은 우리 몸에서 약 95%는 중성지방의 형태로 존재하는데, 중성지방은 열량 공

급과 열 차단의 역할을 하여 여성의 아름다운 몸매를 유지하는 역할을 한다.

지방은 세포막의 중요한 재료로 이용되는데 특히 어린아이 때 지방산이 부족하면 신체 발달에 지장을 주며, 상처가 났을 때 아물게 하는 것도 지방의 역할이다.

또한 피부나 모발이나 피부 등에 왁스가 분비되는데 왁스는 지방산과 알코올이 결합한 것으로, 모발과 피부를 보호하고 외부로부터 세균을 보호하는 작용을 한다.

포화지방과 불포화지방

지방에는 포화지방과 불포화지방으로 구분할 수 있다. 돼지기름, 쇠기름, 버터 등과 같은 포화지방은 실온에서는 거의 굳어 있는데 이런 굳기름은 동물성 기름(지방)과 일부 식물성 기름으로 우리 건강에 유익하지 않은 지방으로 포화지방으로 불린다.

반면에 한국인이 섭취하는 참기름, 들기름 등과 같은 기름(지방)은 상온에서도 액체 상태로 유지가 되며 우리 몸에서 생성하지 못하는 필수지방산인 리놀렌산(오메가-3)이나 리놀레산(오메가-6), 올레산 등이 함유되어 있어서 건강을 위해서는 반드시 섭취해야 한다.

올리브유(油)에는 우리 몸의 혈중 콜레스테롤 수치를 낮춰주는 것이 바로 포화지방이 풍부하다. 올레산은 우리 몸에 좋은 고밀도 콜레스테롤(HDL)의 수치를 높여주지만, 혈관을 막는 저밀도 콜레스테롤(LDL)의 수치는 낮춰주는 역할을 한다. 올리브유(油)는 지방에만 영양이 편중되어 있으면서도 우리 몸에 좋은 까닭은 대부분 포화지방산이 아닌 불포화지방산으로 구성되어 있기 때문이다.

올리브유(油)에는 이런 올레산이 무려 지질의 80% 가까이 차지하고 있다. 불포화지방산인 올레산은 우리 몸 안에서 혈전이나 혈소판 응집을 방해하고 부정맥 발생을 억제하여 심혈관 질환을 예방하는 효과가 있다. 지중해 연안 사람들의 심혈관 질환 발병률이 낮은 것도 올리브유(油)를 통해 오메가-9 지방인 올레산을 충분히 섭취하고 있기 때문이다.

4. 지중해 패러독스

　서양의 3대 장수식품으로 올리브, 요구르트, 양배추를 들수 있다. 지중해 연안의 그리스, 스페인, 이탈리아 남부 요리를 지중해 식단이고 하는데, 이들 지역은 바다로 둘러싸인 자연환경 덕에 채소와 과일, 해산물 등 영양 재료가 풍부한 게 특징이다. 지중해 식단의 대표적인 섭취 비율은 40%의 탄수화물, 40%의 지방, 20%의 단백질 비율로 음식을 섭취하고 있으며, 현미, 잡곡 쌀, 생선, 과일, 채소, 콩류, 올리브유(油), 견과류 등으로 주식을 삼고 있다. 특히 지중해의 크레타 섬의 주민들이 올리브유(油)를 특히 많이 섭취한다고 알려져 있다.

　이러한 식습관을 주목하여 미국 하버드대학 보건대학원과 아테네대학 연구팀이 '뉴잉글랜드 저널 오브 메디신'에 발표한 연구에 의하면 성인 22,043명을 대상으로 4년간 관찰하였을 때 전통적인 지중해 식단을 엄격히 지키는 사람들은 다른 사람들에 비해 전체 사망률이 25%나 낮게 나타났다. 또한 심장질환으로 인한 사망률은 33%, 암으로 인한 사망률은 24%나 감소했다고 보고했다.

크레타인은 고유한 식단 덕분에 심장질환과 각종 암 발병이 적다고 알려져 있다. 하니야 국립농업대학 메지다키스 교수는 "크레타인은 고기와 생선을 덜 먹고 채소와 콩, 요구르트를 많이 섭취한다. 섬에서 나는 농산물은 거의 100% 유기농법으로 재배한다. 무엇보다, 모든 요리에 항산화 기능이 탁월한 올리브 오일이 들어가는 것이 건강식의 비결"이라고 말했다.[1] 크레타인은 1인당 연간 25kg의 올리브유(油)를 섭취한다. 세계 2위 이탈리아(12kg), 3위 스페인(8kg)보다 2~3배 많다. 프랑스인이 육류와 지방 섭취가 많음에도 심장병 사망률이 낮은 이유가 안토시아닌이 풍부한 와인의 영향으로 이를 '프렌치 패러독스'로 불리는 것처럼, '지중해 패러독스' 즉, 연안의 장수의 비결은 바로 올리브유(油)에 있다.

뿐만 아니라 올리브유(油)와 견과류는 단일 불포화지방산과 토코페롤의 섭취를 늘려줘서 노화와 질병의 원인이 되는 활성산소로부터 세포를 보호해주기 때문에 건강한 삶을 유지하게 해준다.

---

1) 헬스조선 이금숙 기자. 2009. 11. 11

놀라운 올리브유(油)의 효능

PART 04

1. 올리브유(油)의 항산화 작용

1) 건강한 삶

모든 인간은 건강한 장수를 꿈꾼다. 과학과 의료기술의 발달로 인간의 수명을 지속해서 늘고 있지만, 건강은 수명과 반드시 비례하지 않는다. 오히려 과학의 발전은 인간을 건강한 삶을 살아가도록 그냥 놔두지 않는다.

대부분의 사람은 조상으로부터 건강한 유전자를 물려받고 태어나지만, 그 이후 잘못된 식습관, 생활습관 그리고 환경의 등의 영향으로 각종 질병에 노출되어 살아간다. 일본의 히노하라 박사는 "사람은 타고난 유전자로 마흔까지는 산다. 그 이후는 제2의 유전자로 살아야 한다. 그것은 바로 좋은 생활습관이다."라면서 건강한 유전자로 태어나는 것 못지않게 그 이후의 식습관과 환경의 중요성을 강조하고 있다.

2) 활성산소와 질병

인간의 생명(生命)을 유지하는 산소는 인체 내에서 정상적인 대사 과정에 대부분 사용되며, 에너지 생산을 위한 체내 산소 대사 과정에서 부산물로서 '활성산소'(活性酸素, oxygen free radical)가 발생한다.

활성산소는 신체에 긍정적인 역할과 동시에 부정적인 역할을 하고 있다. 적당한 양의 활성산소는 건강한 세포분열을 촉진하고 체내에 침입한 세균과 바이러스 등의 병원균을 백혈구가 먹어 치울 때 필요하며, 세균 증식을 억제해 염증을 막기도 한다.

이화여대 분자생명과학부 강상원 교수팀은 활성산소가 세포의 증식을 조절하는 과정을 분자 수준에서 규명해 영국의 과학전문지 〈네이처〉에 발표하면서 "활성산소가 적당히 있으면 세포가 성장하는 걸 돕고 너무 많으면 세포를 무참하게 죽인다는 사실이 명백해졌다."라고 말했다.

그러나 현대인에게는 스트레스나 불규칙한 식사, 화학조미료 섭취의 증가, 환경호르몬의 섭취 등의 내인성 요인과 흡연, 대기오염, 방사선 자외선, 과도한 운동 등의 외인성 요인의 증가로 오히려 활성산소의 부정적인 요인이 증가한 생태이다.

활성산소는 호흡만으로 우리 몸속에 생겨난다. 정상적인 신진대사는 활성산소로 일컬어지는 자유라디칼을 만든다.

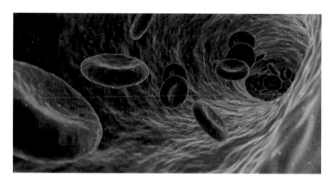

또한 수많은 질병은 염증성으로 엄청난 양의 자유라디칼을 만든다. 신체 내에서 만들어진 자유라디칼은 다시 산화를 일으켜 모든 염증 질환을 포함한 질병을 발생시킨다.

활성산소는 내피세포를 손상하면서 특히 혈관 세포를 공격하여 혈관의 탄력을 잃게 하고 혈전 생성에 작용하여 동맥경화와 협심증 등과 같은 심혈관계 질병을 증가시킨다.

무엇보다도 활성산소의 심각성은 신속하면서도 끊임없이 인체에 손상을 입힌다는 데 있다. 최근 연구를 통해 밝혀진 바에 의하면 인체의 질병 90%가 바로 활성산소에 의해 발생하며, 동맥경화, 당뇨병, 고지혈증 등의 생활습관병은 물론 암, 피부 노화와 피부질환 그리고 알레르기성 질환에 이르기까지 거의 모든 질병이 활성산소가 관련되어 있다는 사실을 알아냈다.

활성산소와 암

활성산소는 세포 내 발전소라 불리는 미토콘드리아에서 에너지 대사를 일으키면서 발생하는 데 이때 여러 요인으로 활성산소가 과다하게 발생하면 인체의 세포를 공격하고, 지질과 단백질 등과 반응하여 위험한 물질 형태로 변화된다. 이 과정에서 세포는 돌연변이를 일으켜 암을 비롯한 대부분의 관절염과 심장병 등과 같은 만성질환의 원인이 된다고 밝혀졌다.

암 발생 원인으로 유전적 요인, 식생활, 환경적 요인 등 여러 가지를 꼽고 있지만 1994년 5월 일본 암센터와 대학 공동연구를 통해 활성산소가 발암에 깊이 관련이 있다는 학계에 보고된 이후 암 예방과 치료에 많은 영향을 끼치고 있다.

해로운 활성산소는 세포 내의 단백질과 유전자를 공격하여 손상을 입히고 돌연변이를 일으켜, 암 발생을 유도한다. 그리고 면역계를 교란하여 비정상적인 유전자 발현 유도하고 신호전달과정을 변화시켜서 신체 내에 세포 증식을 증가시킨다. 암 발생을 줄이려는 노력은 바로 신체 내 활성산소를 줄여야 한다는 의미가 된다.

활성산소와 심혈관 질환(심근경색, 뇌졸중, 동맥경화)

2008년 통계청 자료에 따르면 한국인 사망원인 2위와 3

위가 바로 뇌혈관질환과 심혈관질환이다. 혈류장애는 혈관이 좁아지거나 혈액이 탁해져서 발생하게 되는데, 이 두 가지 원인 물질이 바로 활성산소이다. 혈관 내에서 세포를 싸고 있는 세포막이 활성산소에 의해서 산화되어 과산화지질이 되고, 혈전을 형성하면서 관상동맥을 비롯한 혈관이 좁아지거나 막히면 심근경색이나 뇌동맥이 발생한다.

이외에도 활성산소는 당뇨병, 류마티스성 관절염, 간염과 신장염, 위궤양 등 각종 궤양, 아토피성 피부염 등 거의 모든 질병의 원인이 되고 있다.

3) 올리브유(油)의 항산화 효과
이처럼 활성산소는 거의 모든 질병에 직·간접적으로 관여하여 신체의 전반부에 영향을 끼친다. 우리 몸에서 활성산소가 만들어지듯이 건강한 인체는 활성산소를 중화하거나 제거하는 항산화제도 만들어진다. 대표적인 것으로 인체 내 방어기전인 효소로 활성산소를 과산화수소와 산소로 분해한다. 그 외에도 글루타티온 등과 같은 항산화제가 생성되기는 하지만 수없이 생성되는 활성산소를 제거하기 위해서는 음식과 같이 외부로부터 흡수해야 한다. 특히 지방산은 빠른 속도로 지질의 과산화 연쇄반응을 일으키기 때문에 식용기름 안에 존재하는 항산화제는 더욱 중요하다.

올리브유(油)에 함유된 페놀성 화합물은 산화를 억제하는 데 탁월한 효과를 보이며, 대표적인 항산화제인 토코페롤은 항산화 작용이 탁월하다고 보고되고 있다. 토코페롤은 지용성 비타민으로 식용 기름 내 항산화와 관련해 중요한 역할을 하며, 인체 내에서는 생체막의 구성성분인 불포화지방산의 억제를 통해 산화를 억제하여 생체막을 안정화하는 역할을 한다.

그 외에 올리브유(油)에 함유된 항산화제로 스쿠알렌을 들 수 있다. Aguilera Y, Dorado 교수는 올리브유(油)의 스쿠알렌은 다른 식물성 기름보다 함량이 높고, 망막의 지질과 산화를 감소시킴으로서 백내장과 같은 안구질환 예방에도 효과를 보인다고 보고했다.

2. 심혈관 질환 예방

유럽의 대표적인 장수 지역인 그리스 크레타섬, 이탈리아 남부 사르데냐섬, 그리고 남부 프랑스 등 지중해 연안 주민들이 장수하는 이유 중의 첫 번째로는 올리브를 섭취를 손꼽고 있다. 이 지역의 식단 비율은 탄수화물 40%, 지방 40%, 단백질 20%로 지방 섭취율이 상당히 높다. 그런데도 심장질환 관련 사망률이 다른 서구지역보다 낮은 이유를 지중해 식단에 빠지지 않는 올리브유(油)에서 원인을 찾고 있는데 프랑스가 고지방 위주의 식단임에도 불구하고 심장병 사망률이 세계 최저일 수 있었던 것은 포도주로 말미암는다는 '프렌치 페러독스'처럼, '지중해 페러독스'의 비밀은 바로 올리브유(油)에 있었던 것이다. 지중해 연안 사람들의 심혈관 질환 발병률이 낮은 것도 올리브유(油)를 통해 오메가9 지방인 올레산을 충분히 섭취하고 있기 때문이다.

올리브유(油)를 많이 섭취하는 지중해 식단이 뇌졸중, 심근경색 등 심혈관질환에 걸릴 가능성을 30% 낮춘다는 연구 결과가 있다. 스페인 나바레 대학 미겔 앙헬 마르티네스-곤

살레스 교수팀은 60대 스페인인 당뇨, 고혈압 환자 7,447 명을 대상으로 지난 5년간 실험했다. 연구팀은 무작위로 세 그룹으로 분류한 뒤 각각 다른 식단을 제공한 뒤 심혈관질 환에 걸릴 가능성을 측정했다.

A그룹에는 지중해 식단을 제공했다. 닭고기 등 흰 육류와 생선은 주 3회 이상, 과일은 하루에 3회 이상, 채소를 하루 에 2번 이상 먹게 했다. 가장 중요한 최상급 올리브유(油)를 하루에 네 큰 술 먹게 했다. B그룹에는 A그룹의 식단에서 최상급 올리브유(油) 대신 매일 견과류 30g을 제공했다. C 그룹은 A, B그룹과 달리 저지방 식단으로 구성하고, 해산물 과 과일·채소는 A, B와 같은 양을 먹게 했다. 다만 올리브 유(油) 등 식물성 기름은 매일 두 큰술 이상 먹지 못하게 했다.

연구 결과, 지중해 식단에 최상급 올리브유(油)를 넣은 A 그룹이 C그룹보다 심혈관 질환에 걸릴 확률이 30% 정도 낮았다. B그룹은 C그룹보다 28% 정도 낮았다.[2] 이는 올리 브유(油)가 심혈관 질환을 예방하고 개선하는 데 효과가 있 음을 입증하고 있다.

올리브유(油)의 대표적인 성분인 올레산은 총 지방산의 약

2) 〈Olive Oil Diet Curbs Strokes〉 ANDREA PETERSEN. THE WALL STREET JOURNAL. Feb. 26, 2013.

70%에 달하며, 따뜻한 지역보다는 추운 지역에서 성장한 올리브에 올레산 함량이 더 많다. 올리브의 올레산은 대표적인 불포화지방산으로 열을 가해도 파괴되지 않으며, 인체 내에서 나쁜 콜레스테롤(LDL)은 낮추고, 좋은 콜레스테롤(HDL)은 높여주어 혈중 콜레스테롤 개선과 LDL 산화저항성에 탁월한 효과를 보인다. 또한 올리브유(油)의 활성성분들은 혈행 내의 일산화질소 합성의 증가와 혈관내피 세포의 활성산소 제거, 그리고 혈소판 응집효과 등에 효과를 보인다.

또한 올리브유(油)에는 폴리페놀이 풍부한데 이 항산화 물질은 혈전과 세포벽을 손상하는 활성산소를 제거하는데 탁월한 효과가 있다. 그뿐만 아니라 폴리페놀은 손상된 혈관의 세포벽을 복구하여 동맥경화를 예방하고 개선하는 데 효과가 있다.

3. 항암효과

　암은 인간의 건강과 생명을 위협하는 가장 중요한 질병 중에 하나로 모든 계층, 즉 연령, 성별, 사회, 문화적인 배경을 총망라하여 발생하고 있다. 암은 우리나라 사망원인 1순위로 뽑히고 있다. 미국에서는 폐암과 대장암이 많고, 중국에서는 식도암이 우리나라는 간암과 위암이 많은 것으로 나타났다. 2007년 통계청의 보고에 따르면, 암으로 사망한 비율이 전체 사망자 중 27.6%를 차지했다.

　국내에서는 1980년대부터 암과 관련한 연구가 시작되어 상당히 많은 연구 결과가 축적되어 있으나, 그 결과 대부분은 치료에 관련된 부분으로 암 예방과 조기 발견에 대한 연구는 아직 미미한 수준이다. 암은 일단 발병하면 근본적인 치료가 어렵기 때문에 예방과 조기 발견이 대단히 중요하다. 이러한 추세를 반영하듯 지난 10년간 암 예방식품에 관한 관심이 급속히 고조되어 신문, 잡지, TV 등 언론매체에서도 거의 매일 다루다시피 하고 있다. 암으로 인한 사망원인으로 흡연 등 여러 가지 인자의 추정치가 제시되어 있지만, 사람에게 걸리는 각종 암의 90% 이상이 매일 먹는 음식물 등 환경에 기인한다고 추정되고 있다. 남성 암의 30~40%와 여성 암의 60%가 음식물과 관련이 있다고 지적되고 있다.

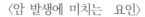
〈암 발생에 미치는 요인〉

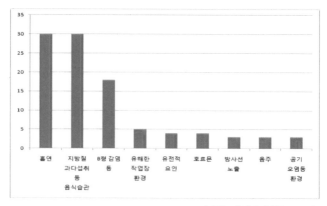

〈자료: 세계보건기구 WHO〉

과거에는 음식물 중에서 잔류농약, 화학 첨가물같이 암을 유발할 수 있는 발암물질에 관한 보고가 많았지만, 현재는 암 예방 성분에 관한 보고가 많아지고 있다.

유방암

2009년 발표된 국가 암 정보센터 통계에 의하면 여성 암 환자 수는 총 93,337명이며, 이 중 유방암은 갑상선암에 이어 두 번째에 많이 발병하는 암이다. 그뿐만 아니라 매년 유방암의 발병률이 6.3%나 증가하고 있다. 이는 우리의 식단이 서구화되면서 함께 질병의 발생 양상도 서구화된 현상으로 이해하고 있다. 유방암은 모든 암 가운데서도 가장 연구가 많이 된 암 중의 하나이지만 아직 명확하게 밝혀지지 않았다. 유방암의 발생 원인은 대체로 생식적 요인, 생활습관적 요인 그리고 식습관 요인으로 보고 있다. 생식적 요인으로는 가족력, 유방질환의 과거력, 월경력, 출산력 등이 있으며, 여성 호르몬인 에스트로겐이 발암과정에 중요한 역할을 한다는 데 의견 일치를 보고 있다. 인체 내에서 분비되는 에스트로겐은 유방세포를 자극하여 유방암 발생 위험을 높인다. 선진국으로 갈수록 초경이 빨라지고 있는데 이는 영양과다와 운동 부족이 원인이다. 초경이 일찍 오거나 폐경 시기가 늦게 오면 그만큼 에스트로겐에 노출되어 유방암 발생 위험이 높아지게 된다. 초경이 12살에 시작하는 경우 14살에 비해 발암 위험성이 1.2배나 높다고 알려져 있다. 빠른 초경의 경우 유방 내막 세포의 증식률이 높아지기 때문이다.

비만의 경우 상대적으로 지방조직에서 순환 에스트로겐의 농도가 높아지기 때문에 유방암의 위험도가 그만큼 증가하게 된다. 그 외에도 과도한 영양 및 지방 섭취, 유전적 요

인, 장기간의 피임약 복용, 여성 호르몬제의 장기간 투여
등도 원인으로 보고 있다.3)

올리브유(油)와 유방암

올리브유(油)는 암 예방에도 중요한 역할을 한다. 과일과
채소, 특히 올리브유(油)가 다량으로 함유된 음식을 섭취하
는 지중해 지역 사람들의 경우 각종 암과 심장질환의 발병
위험이 다른 지역에 비해 낮다고 알려져 있다. Rena I
Kosti의 연구 결과에 의하면 그리스, 스페인, 이탈리아, 프
랑스 등에서 여러 차례 진행된 연구에서, 올리브 오일을 사
용하는 지중해 식단은 대장암, 유방암, 전립선암, 췌장암,
자궁내막암의 발병을 예방하는 것으로 보고되고 있다. 유방
암 연구의 경우 올리브유(油)를 많이 소비하는 스페인과 그
리스에서는 유방암의 발생 빈도가 상대적으로 낮았다. 또한,
동물 연구에서도 올리브유(油)는 항 종양 효과를 보이는데,
이 가운데 올리브유(油)의 경우, 함유된 올레산(oleic acid)
이 항암 효과를 일으키는 핵심 물질인 것으로 확인됐다. 올
레산은 종양 형성 유전자의 활동을 억제하는 동시에 유방암
치료제의 일종인 허셉틴(Herceptin)의 약효를 증진하는 효
과까지 유도한다고 학계에 보고했다.4)

---

3) 한국유방암학회 http://www.kbcs.or.kr
4) Rena I Kosti, Olive oil intake is inversely related to

올리브유(油)와 결장암

지중해 연안 국가들에서 많이 소
비되고 있는 올리브 오일이 신선한
과일이나 채소류에 못지않게 결장
암을 예방하는 데 뛰어난 효과를
지니고 있음이 재입증됐다.

올리브유(油)가 결장암(colon cancer)을 예방하는데 좋은
효능을 나타낸다는 새로운 분석 결과가 발표되었다. 결장암
은 서구지역 국가들에서는 두 번째로 많이 발생하는 암으로
꼽히고 있다. 서구지역에서 발병률이 높은 이유는 채소 섭
취보다 육류를 다량으로 소비하는 식생활습관에서 그 원인
을 찾고 있다.

영국 옥스퍼드대학의 과학자들이 수행했으며, 연구 결과
는 학술지 "전염병·지역보건지"를 통해 발표되었다. 옥스퍼
드 대학 산하 보건과학연구소의 마이클 골드에이커(Michael
Goldacre) 박사 연구팀은 유럽 각국과 영국, 미국, 브라질,
콜롬비아, 캐나다, 중국 등 28개국을 대상으로 올리브유(油)
소비 현황과 결장암 발병률을 함께 분석한 다음 두 인자 사
이의 어느 정도의 연관 관계가 있는지를 조사함으로써 올리

cancer prevalence: a systematic review and a meta-analysis
of 13800 patients and 23340 controls in 19 observational
studies. Lipids in Health and Disease 2011.

브유(油) 소비가 암 예방에 어느 정도까지 기여할 수 있는지를 규명했다.

발표된 연구 결과에 따르면, 육류의 소비가 많고 야채의 소비가 적은 국가일수록 결장암의 발병 비율이 가장 높은 것으로 나타났으며 이 경우라도 올리브유(油) 소비가 결장암 발병률을 감소시키는데 기여하는 것으로 밝혀졌다.

골드에이커 박사는 "올리브유(油)가 결장암의 진전을 억제하는 것으로 추정된다"고 강조했다. 그리고 "올리브유(油)가 장의 대사 기전에 영향을 미쳐 대장암 발병을 억제하는 것으로 보인다."고 밝히고, "이는 올리브 오일이 디옥시사이클린산이라는 물질을 감소시키고 디아민산화효소(diamine oxidase)를 조절해 주기 때문으로 생각된다"고 설명했다.

이런 연구 결과는 올리브유(油)에 많이 들어있는 스쿠알렌, 플라보노이드, 폴리페놀 등과 같은 성분이 대장에서 콜레스테롤의 산화를 방지하고 결장이 독소에 의해 손상되는 것을 감소시키며, 올리브유(油)의 주성분인 올레산과 시너지 효과를 내면서 결장암과 대장암을 예방하는 것으로 보고 있다.[5]

---

5) 올리브 오일이 결장암을 예방.
http://www.yakup.com/news/index.html?nid=7617&mode=vi

4. 위장 보호(위궤양, 위염)

■ 위궤양 · 위염의 발병

내시경 검사 10명 중 1명이 위·십이지장궤양 환자!

한국인에게 가장 흔한 질병인 위염, 위궤양은 우리나라 10대 만성질환이며 위암 발병률도 매우 높아, 전체 암 중에서 위암이 차지하는 비율은 약 20%에 이른다.

위염과 위궤양 등과 같은 위장질환이 많이 발생하는 원인으로는 스트레스와 영양 불균형, 불규칙한 식사와 과식하는 습관, 짜고 매운 음식을 즐기는 것 그리고 해열제, 진통제의 장기적인 복용, 음주와 흡연 등으로 꼽고 있다.

위는 소화와 살균을 위해 펩신과 위산을 분비하게 되는데, 위산은 강한 산으로 대부분의 세균과 미생물을 멸균시킨다. 이렇게 강한 산이 위에 영향을 주지 않는 것은 위의 내벽에 뮤신이 분비되어 위벽과 점막을 보호하기 때문이다. 그러나 스트레스와 과음과식, 잘못된 식습관으로 종종 위산과다로 인해 위염과 위궤양을 유발한다. 위궤양의 심각성은

ew 2000-09-20

점막에 구멍이 뚫리는 '천공'으로, 이 구멍
을 통해 위산이 흘러나오면 복막염 등 치
명적인 질병을 일으키기도 한다. 특히 위
궤양은 주로 40대 이상 중년층에 많이 발
병되며, 그중에서도 여성보다는 남성에게
더 많이 나타나고 있다. 위염 · 위궤양 ·
위암을 3대 위장병이라고 부른다.

한국인이 위장질환이 많이 발생하는 원인으로는 잘못된
식생활 습관으로 보고 있다. 한국인이 즐겨 먹는 찌개·국
·김치·젓갈 등은 모두 염도가 매우 높은 음식이다. 짠 음
식은 지속해서 위 점막을 자극할 뿐만 아니라 위궤양도 유
발한다. 염분은 위 점막에 위축성 위염을 일으키며, 위 세
포의 변형을 촉발해 위암의 발병 위험을 높인다고 알려져
있다.

역학 조사를 통해서도 짠 음식을 지속해서 섭취하면 위암
으로 발전할 수 있는 위염 발생 위험이 2배 이상 증가하는
것으로 밝혀졌다. 세계보건기구인 WHO에서 권장하는 염분
의 하루 권장량이 6g이지만 일반적인 염분 섭취량은 권장
량의 3~4배가 넘는 실정이다. 염분 섭취량이 증가하면 위
암 발생률도 높아진다는 것이 의학계의 정설이다.

헬리코박터 파일로리균

최근에는 위장질환의 주된 원인으로 헬리코박터 파일로리균을 지목하고 있다. 1982년 헬리코박터 파일로리균이 등장하기 전에는 위장에서 발생하는 위염 및 위궤양의 주범이 주로 위산으로 설명되어 왔고 대부분의 치료도 위산을 줄이는 것에 초점을 맞추어 왔다. 그런데 마샬(Marshall B J) 박사에 의해 헬리코박터 파일로리균이 발견되고 이 균이 위염 및 궤양의 원인임을 밝혀냈다.

헬리코박터 파이로리균에 감염된 대부분의 환자에서 위염이 생기고, 감염을 치료하면 위염이 소실된다. 위·십이지장 궤양 환자의 90%가 헬리코박터 파이로리균에 감염이 된 것으로 보고되고 있으며, 이 균을 치료하면 상당수의 궤양 환자에서 재발이 억제된다.

위암의 발생 원인인 헬리코박터 파이로리균은 전 세계 인구의 50%가 감염되어 있고, 한국인은 75%가 감염되어 있다.(2002년 기준) 이 세균은 위궤양과 십이지장궤양에 관련 있어서 현존하는 가장 강력한 위장질환 발병 요인 중의 하나로서 1994년에는 WHO에서 발암물질 제1군으로 지정했다. 우리나라는 세계 어느 곳보다 위암 발생이 높은데(사망원인 2위) 75%에 달하는 헬리코박터 파이로리균 감염율과 관련이 있다. 헬리코박터 파이로리균이 없는 사람에게는 위암이 거의 발생하지 않는다.

■ 올리브유(油)와 위장질환

올리브유(油)에 함유된 강력한 항산화제인 폴리페놀은 위염, 소화성 궤양, 위암의 원인이 되는 헬리코박터 파이로리균 감염을 방지할 수 있다,

스페인 Valme 대학 병원과 De La Grasa 연구소의 연구에 의하면, in viro 실험에서 엑스트라 버진 올리브유(油)의 폴리페놀이 헬리코박터 파이로리의 여덟 균주에 대한 항균 효과가 있다고 학계에 보  고하면서 인체 내에서도 동일하게 위장의 강산성의 환경에서도 동일한 효능이 있다고 밝혔다.6)

---

6) C. Romero, In vitro activity of olive oil polyphenols against Helicobacter pylori. Journal of Agricultural and

그뿐만 아니라 올리브유(油)는 위액과 췌장액의 분비를 촉진해 소화 장애와 변비 등 장의 연동 작용을 도와 위장, 췌장, 대장의 운동을 활달하게 도와준다.

평소에 위 건강이 좋은 않아서 힘들 때 아침, 저녁 공복에 올리브유(油) 큰 술씩 먹으면 위산의 분비가 억제되고, 위나 장의 활동을 활성화해 위산과다증, 위궤양, 십이지장궤양에 효과가 있다.

5. 노화, 골다공증 예방

골다공증은 연령이 높아질수록 칼슘 흡수율이 떨어지고, 여성들의 폐경기를 전후해서 골밀도가 떨어지는 것을 말한다. 하지만 더 이상 골다공증이 노인과 폐경기의 여성들만의 질환이 아니다. 2004년도 국내의 한 대학병원에서 국제 학술지에 게재한 '성인 남성의 골다공증 유병률 조사'에 따르면 한국 남성의 골감소증 유병률을 약 30~50%로 높게 나타났다. 특히 남성의 골다공증 위험은 고연령, 흡연, 성장 호르몬의 결핍 등과 관련이 높다고 설명했다.

최근의 골다공증은 생활 습관, 특히 육류 섭취는 증가하지만, 채소의 섭취량은 점점 감소해가는 식습관과 상당한 관계가 있다. 유제품을 가장 많이 섭취하는 나라인 미국이다. 그러나 아이러니하게도 골다공증으로 인한 가장 높은 고관절 골절률을 보이는 나라도 미국이다. 골다공증은 칼슘의 섭취 못지 않게 식습관의 균형과 흡수율이 중요하다. 1992년 예일대학에서 16개국, 34개의 연구에서 얻은 결과는 단백질의 섭취가 늘수록 골다공증이 증가한다고 보고 했다. 단백질의 섭취는 혈액과 조직을 산성화시키는데 이를 중화시키기 위해 체내 칼슘을 이용하게 되고 그 결과 체내 칼슘이 감사하여 골다공증으로 이어진다. 이에 대한 예방은 평소에 꾸준한 운동을 통해 신체 활동을 늘리고, 가공식품과 유제품을 포함한 동물성 단백질 섭취를 줄이는 대신 무기질이 섭취를 늘리기를 권장하고 있다.[7]

올리브유(油)와 골다공증

올리브유(油)를 많이 섭취하는 식단으로 구성된 지중해 식단으로 먹으면 뼈를 튼튼하게 해주며 중년 이후 골다공증 예방에 도움이 된다.

스페인 호셉 트루에타 병원 연구진에 따르면 중년에 2년간 지방보다 올리브유(油)를 사용한 식단을 먹으면 노후에 골다공증에 도움에 된다고 전했다. 연구진은 지중해 인근 지역 거주민들과 다른 유럽 지역 주민들의 노화로 인한 골밀도와 골강도 저하 수치를 분석한 결과, 지중해 인접 지역에서 수치가 훨씬 더 낮았다고 밝혔다.[8]

올리브유(油)를 많이 섭취한 사람에게는 오스테오칼신 수치가 더 높게 나타났는데, 이 오스테오칼신은 뼈를 형성하는 세포를 분비하는 단백질로 비타민 K와 함께 작용하여 뼈를 튼튼하게 한다. 그 외에도 뼈를 튼튼하게 하는 비타민

---

7) Colin Campbell, Ph.D. The China Study. 2006.
8) "올리브 오일이 든 지중해 식단, 골다공증 도움" 한국일보. 2012.08.17

A, C, D, E 등이 풍부하게 들어 있으며, 항노화 작용을 하는 토코페롤은 물론 30여 가지가 넘는 노화방지 효소가 들어 있어 골다공증 예방에 효과가 있다.

6. 피부건강, 탈모방지

올리브유(油)는 영양학자들 사이에서 만병통치약으로 통한다. '지중해의 보배'라고 불릴 정도로 영양이 풍부하고 성인병 예방은 물론 다이어트와 피부 미용, 변비에도 효과가 있다.

올리브유(油)는 식용으로만 쓰이는 게 아니라 피부에 직접 바르게도 한다. 올리브유(油) 포함된 불포화 지방산은 피부에 바르면 빠르게 흡수되어 오일막을 형성하여 수분 손실을 막아 보습 효과가 뛰어나다. 또한 항산화제 역할을 하는 비타민 E가 풍부해 피부 세포의 탄력을 오래 유지한다.

고대 그리스는 물론 이집트 피라미드의 벽화나 유물을 보면 올리브유(油)가 일상생활 곳곳에 사용된 것을 알 수 있다. 절세 미인으로 알려진 클레오파트라도 올리브유(油)를 사용하여 아름다움을 유지했다고 전해지며, 그 당시 여왕은 물론 귀부인들은 피부보호제로 사용되었고, 올리브유(油)를 이용한 화장품 제조기술이 발달되었다고 전해진다. 그뿐 아니라 고급 올리브유(油)를 검정 머리카락에 발라 윤기 있는 모발을 유지하는 데 이용했다.

올리브유(油)는 항산화제의 보고로 자외선이나 찬 바람에 튼 피부, 트러블 등으로 발생하는 기미, 잡티, 주근깨 등이 생기는 것을 막고 탄력 있는 피부를 유지하게 해 준다.

올리브유(油)에는 필수지방산과 비타민 E를 비롯한 천연 비타민과 항산화 물질이 피부에 영양을 공급해 탄력 있고 건강한 피부와 모발을 유지할 수 있도록 돕는다는 사실은 이미 여러 연구를 통해 입증되었다.

영화 〈클레오 파트라〉에서

7. 다이어트

올리브유(油)에는 각종 비타민류와 토코페롤, 폴리페놀 같은 항산화 물질과 미량의 필수 미네랄이 풍부하다.

식물성 지방인 올리브유(油)는 불포화 지방산을 다량 함유하고 있는데, 불포화 지방산은 인체 내에서 지방을 분해하는 작용을 하며 몸에 해로운 콜레스테롤을 낮추어 다이어트에 도움을 준다. 다이어트를 하기 위해 음식량을 조절해야 하는데 올리브유(油)는 건강에 필요한 필수 영양소는 충분하게 들어 있으며, 포만감을 느끼게 하여 결과적으로 음식량을 줄이는 효과가 있다. 다이어트 기간에 지방의 섭취를 줄이면 허기를 느끼게 되고, 보상심리로 인해 신체는 본인도 모르게 탄수화물을 더 많이 섭취하게 되어 결과적으로 다이어트를 실패하게 된다.

올리브유(油) 다이어트를 시작하고 1주일 뒤부터 효과가 나타나는데 몸속의 독소를 배출하여 다이어트와 장 청소에 효과적이라고 알려져 있다.

올리브 이야기

PART 05

■ 고대 그리스-신의 선물인 올리브 나무

고대 그리스에서는 올리브 나무를 신이 세상에 내려준 선물의 나무로 알려져 있었다. 전쟁과 평화의 신인 아테나가 아텐의 아크로폴리스에 처음으로 심은 나무도 바로 올리브 나무라고 전해지면서 신성시 여겼으며, 평화의 상징으로 알려졌다.

그런 전설로 인해 아테네의 보호 신인 아테나의 생일에 맞춰 4년마다 개최되는 올림픽 경기는 달리기, 원반던지기, 멀리뛰기, 창 던지기, 씨름의 5경기에서 승리한 경주자에게는 올리브 가지로 만든 월계관을 씌워주고, 올리브 가지로 만든 꽃다발을 그리고 "두 손잡이가 있는 항아리"에 올리브 기름을 담아서 상금으로 준 것으로 알려진다.

■ 고대 이집트-클레오파트라와 올리브

올리브가 고대 이집트에 전해진 시기를 기원전 1,500여 전부터라고 보고 있다. 피라미드 안에 그려진 그 당시의 일상의 모습을 보면 올리브가 일상생활 곳곳에 사용된 것을 알 수 있다. 특히 세기의 미인으로 알려진 클레오파트라도 올리브유(油)를 사용하여 아름다움을 유지했  다고 전해지고 있다. 그 당시 문화상을 통해서 엿보면 더운 날씨 탓에 하루에도 네 차례 목욕했다고 전해지는데 목욕 후에는 반드시 올리브유(油)를 전신에 발라 강렬한 자외선으로부터 피부를 보호하는 데 사용했다고 전해진다.

여왕은 물론 귀부인들은 피부보호제로 사용되었고, 올리브유(油)를 이용한 각종 화장품 제조기술이 발달되었다고 전해진다. 그뿐 아니라 고급 올리브유(油)를 검정 머리카락에 발라 윤기 있는 모발을 유지하는 데 이용했다.

■ 프랑스-빈센트 반 고흐와 올리브 나무

　로마의 도로를 따라 유럽 지역에 올리브가 전해지면서 특히 프랑스의 프로방스 지역에 대단위로 올리브 나무가 재배되기 시작했다. 올리브 나무는 건조하고 불규칙한 강우량에서도 잘 자라는 나무로, 프로방스 기후 조건에 적합한 나무였다. 강수량이 일정하지 않아 흉년이 들 때 올리브 열매는 가난한 농민들의 생명을 유지해 준 음식이기도 했다. 중세 프랑스에서는 가난한 사람들의 식량으로, 흉년이 들었을 때는 구황식품으로도 이용되기도 했다. 또한 중세 유럽 사회에서는 위장병, 설사, 이질, 변비, 그리고 총상 등을 치료하는 만병통치약으로도 사용되기도 했으며, 17세기 약제사(약사)들은 항상 올리브유(油)를 휴대하여 치료제로 사용했다는 기록이 전해진다.

　중세 이후 프로방스에는 올리브 나무와 포도나무와 라벤더꽃과 해바라기꽃이 어우어져 절경을 이루기도 한다. 19세기 말 네덜란드의 인상파 화가인 빈센트 반 고흐가 이 지역에 머물면서 강렬한 태양 빛이 표현한 많은 작품을 그림으로 남겼다. 그리고 1889년에 그린 "올리브 나무"는 전형적인 프로방스 지역의 고목의 올리브 나무, 땅과 하늘, 그리고 푸른색과 초록색과 황갈색을 표현한 작품이다.

〈올리브 나무〉 빈센트 반 고흐. 1889.

■ 콜럼버스와 올리브

1492년, 콜럼버스는 신대륙으로 출항할 때 장기간 항해에 필요한 식량을 준비해야 했다. 콜럼버스가 탄 산타 마리아 함은 그렇게 크지 않은 100여 톤에 이르는 배에 90여 명의 선원과 무기, 탄약 그리고 식량을 실어야 해서 충분하지 못한 양의 식량을 실은 것으로 알려진다. 그 당시 배에 실린 식량에는 치즈와 건빵, 말린 어물과 절인 물고기, 햄과 소시지 등과 그리고 중요한 식량으로 포도주와 올리브유(油) 등이 있었다.

포도주와 올리브유(油)는 식량으로도 중요했지만, 올리브유(油)는 위장병, 설사, 그리고 총상과 같은 외상을 치료하는 약으로도 사용했다.

올리브유(油) 레시피

발사믹 사과 드레싱 샐러드

■ 재료
샐러드용 채소 120g (양상추, 치커리 등)
방울토마토 6개

〈드레싱〉
마늘 1개 다진 것
다진 사과 2큰술, 다진 양파 1큰술
발사믹 식초 2큰술, 올리브유(油) 4큰술
아가베 시럽 1큰술, 옐로우 머스터드 소스 1작은술
소금 1/3 작은술, 후추 약간

■ 만드는 법
① 샐러드용 채소는 찬물에 담갔다가 물기를 제거하고 한 입 크기
   로 뜯는다.
② 드레싱은 올리브유(油)를 제외한 소스 재료를 거품기로 잘 섞고
   여기에 올리브유(油)를 조금씩 넣어 가며 젓는다.
③ 접시에 채소를 얹고 드레싱을 얹는다.
④ 샌드위치 빵에 끼워 먹어도 맛있다.

오리엔탈 드레싱과 부추겉절이

■ 재료

부추 150g, 비트 10g, 무 50g
빨강, 주황 파프리카 1/2개씩

〈드레싱〉
올리브유(油) 5큰술, 저염 간장 5큰술
당근, 양파, 오이 1/4개씩
통깨 1큰술, 소금, 후춧가루 약간씩

■ 만드는 법

① 부추는 뿌리를 깨끗하게 씻어 3~4cm 길이로 썰고, 비트와 무,
   파프리카는 곱게 채 썬다.
② 드레싱 재료를 믹서에 넣어 20초 정도 곱게 갈아 오리엔탈 드
   레싱을 만든다.
③ 준비한 채소를 고루 섞어 그릇에 담고 드레싱을 끼얹는다.

곡물빵과 발사믹 식초, 올리브유(油)

■ 재료
곡물빵, 유기농 올리브유(油)
발사믹 식초, 소금

■ 만드는 법
① 곡물빵은 팬에 살짝 굽거나 데운다. 방금 사 온 빵이라면 그냥
   적당하게 썰어 준다.

Tip. 칼로 썰어도 좋지만, 덩어리 빵을 손으로 먹기 좋게 뜯어가
     며 드시면 또한 빵의 풍미를 그대로 즐길 수 있다.

---

② 작은 종지에 올리브유(油)를 넉넉히 담는다.
③ 발사믹 식초를 올리브유(油) 중앙에 조금 붓는다.
④ 준비된 빵을 찍어서 고소한 오일과 상큼한 발사믹의 맛을 느끼
   면서 드시면 됩니다.

올리브유(油) 옷을 입은 토마토 요리

■ 재료
완숙 토마토 4개
유기농 올리브 오일 4T,
굵게 다진 견과류(호두, 아몬드, 해바라기 씨 등) 적당량
아가베 시럽 적당량

■ 만드는 법
① 토마토는 꼭지 부분을 칼로 도려내고 4등분하여 물기가 있는
   부분을 아래로 향하게 스테인리스 팬에 넣는다.
② 뚜껑을 닫고 중약 불에서 푹 익혀 준다.(20분 정도)
③ 익혀낸 토마토의 껍질을 벗겨내어 거기에 올리브 오일, 아가베
   시럽, 견과류를 뿌리고 따뜻할 때 수저로 떠먹는다.

Tip. 껍질 채 블렌더에 갈아낸 다음 냉장고에 시원하게 두었다가 먹기 전
     에 올리브유(油), 견과류, 아가베 시럽을 첨가하여 먹는다.

권영민

현재 권영민인문학연구소를 운영하고 있다. 국내 최고의 인문학 강사로 활동하고 있으며, 저술가로, 칼럼니스트로도 활동하고 있으며, 본 〈힐링푸드 시리즈〉 기획, 저자이기도 하다.

힐링푸드 시리즈
01 ≪놀라운 양파의 효능≫
02 ≪자연이 인간에게 준 생명의 원천, 천일염≫
03 ≪자연이 키워낸 유기농 보성녹차≫
04 ≪복분자의 효능≫
05 ≪위장에 활력을 주는 양배추≫
06 ≪놀라운 비파의 효능≫
07 ≪자연이 준 기적의 선물 아로니아≫
08 ≪여성에게 새 생명을 주는 석류≫
09 ≪굶지 않고 다이어트 할 수 있는 채소수프≫
10 ≪진시황이 찾은 불로초? 황칠나무≫
11 ≪우리 몸에 활력을 주는 마늘의 힘≫
12 ≪여성의 아름다움을 지키는 자몽≫
13 ≪식초로 만들어가는 건강한 삶≫
14 ≪신이 준 선물, 올리브의 효능≫

전유진

현재 전유진인문학연구소를 운영하고 있다. 약선요리 전문가로 음식인문학인 '다채로운 건강인문학'과 '소마 건강인문학' 강의를, 명화인문학인 '아띠랑스 인문학' 강의를 진행하고 있다.

저서
≪신이 준 선물, 올리브의 효능≫